AF247977

UNE EXCURSION

AU

COUDIAT BATOUM

(PROVINCE DE CONSTANTINE)

PAR

A. PAPIER

Vice-Président de l'Académie d'Hippone, etc.

L'homme s'agite, et Dieu le mène.
FÉNÉLON.

BONE

IMPRIMERIE DAGAND, ÉM. THOMAS, SUCCr.

1880

UNE EXCURSION

AU

COUDIAT BATOUM.

UNE EXCURSION

AU

COUDIAT BATOUM

(PROVINCE DE CONSTANTINE)

PAR

A. PAPIER

Vice-Président de l'Académie d'Hippone, etc.

L'homme s'agite, et Dieu le mène.

FÉNÉLON.

BONE

IMPRIMERIE DAGAND, ÉM. THOMAS, SUCCr.

—

1880

UNE EXCURSION

AU

COUDIAT BATOUM.

L'homme s'agite, et Dieu le mène.

FÉNÉLON.

Si vous êtes tant soit peu amateur d'excursions scientifiques, ne vous est-il pas arrivé quelquefois, ami lecteur, de sortir de chez vous avec la ferme résolution de ne prendre que des insectes et de rentrer au logis chargé de plantes? Au lieu de faire de l'entomologie, rien que de l'entomologie, vous n'aviez fait que de la botanique! L'occasion, avec ses mille séductions, vous avait détourné de vos beaux projets et mené à l'opposite de l'endroit que vous vous étiez promis d'explorer.

Eh bien! cela m'est arrivé également ces jours derniers, non pas que je sois sorti, comme vous, dans l'intention bien arrêtée

de recueillir bon nombre de carabiques ou
de bembides et que je sois revenu, au con-
traire, avec une brassée d'orchidées et de
labiées plus ou moins rares, mais parce
qu'étant parti de Bône au petit jour pour
aller explorer le cours sinueux de l'oued
Melah et en rapporter quelques nouvelles
espèces d'Ammonites néocomiennes, je suis
rentré chez moi le soir, n'ayant fouillé que
le coudiat Batoum et recueilli que des inscriptions libyques et romaines plus ou moins
intéressantes. Au lieu de faire de la géologie, rien que de la géologie, je n'avais fait,
comme vous le voyez, que de l'archéologie !

Il est vrai qu'en allant serrer affectueuse-
ment la main à M. le curé de Duvivier,
mon digne et excellent collègue de l'Académie d'Hippone, je devais m'attendre à
visiter, étudier plus de ruines et d'inscriptions que d'horizons et de couches fossi-
lifères. Vous connaissez sa passion pour
l'étude des monuments anciens. Il y con-
sacre tous ses loisirs. Il n'est pas un pan
de mur antique, pas une pierre plus ou
moins sculptée, pas une inscription plus
ou moins fruste, enfin, dans sa paroisse
étendue, qui n'ait fixé son attention et exercé
sa sagacité d'archéologue.

Je lui fis part du but de mon voyage, ce qui lui parut tout naturel et facile à réaliser. Il me promit même de me servir de guide, à la condition toutefois que je partagerais avant tout son frugal déjeuner.

J'acceptai son offre et ses conditions avec plaisir et, en attendant que la table soit servie, je demandai la permission de visiter son jardin.

Représentez-vous, cher lecteur, un petit coin de terre, grand comme la main, et complanté d'arbustes, de fleurs qu'on arrose ponctuellement soir et matin. D'étroits sentiers sablés et ratissés tous les jours avec soin, le divisent en quatre parties égales. Celles-ci sont sarclées chaque jour aussi avec plus de soin et de précautions qu'on en mettrait à brosser un tapis des Gobelins. En fait de pots à fleurs, on n'y voit que d'anciens moulins en granit, d'origine romaine, dans lesquels croissent à l'envi le lis à la corolle blanche et parfumée et le géranium aux fleurs écarlates ; la rose de Provins et l'héliotrope du Pérou achèvent d'orner ce petit parterre et d'y répandre leurs suaves parfums.

Une épaisse dalle de calcaire blanchâtre et finement grenu, haute de 1^m75 et large

de 0^m 75, est dressée debout à l'angle d'un
des carrés. Je m'en approche et reconnais
la fameuse stèle de la Fontaine-du-Mouton
(Aïn-Kebch), dont M. le curé Mougel avait
annoncé, en décembre 1878, la découverte
à l'Académie d'Hippone. Il l'avait sauvée,
moyennant cinq francs, des griffes de deux
grands diables de Kabyles en train de vouloir la briser sur le bord de la route, et fait
transporter, moyennant cinq autres francs,
dans son jardin.

Sa double inscription, libyque et punique,
est intacte ; rien n'y manque. Je m'amuse
à en déchiffrer la première partie à l'aide
de l'excellent alphabet de M. Letourneux,
et, prenant chaque ligne verticalement, de
gauche à droite et de bas en haut, je finis
par apprendre que je suis là en face d'une
pierre qui recouvrait, il y a deux ou trois
mille ans peut-être, la tombe d'un nommé
Zanabanah, fils de Zabanabat, et qu'à son
inhumation avaient assisté comme témoins
Namarasa et Masala.

J'étais encore planté devant ce petit monument funéraire, d'une époque où les
épitaphes étaient d'un laconisme si regret-
table, lorsque mon aimable hôte, debout sur
le seuil de la salle à manger, une serviette

à la main, vint m'avertir que le déjeuner était servi :

« Les œufs n'attendent plus que vous pour être mangés, me crie-t-il ; venez vite pendant qu'ils sont encore chauds. C'est le meilleur plat que j'ai à vous offrir ; ne le laissez pas refroidir, au moins ! »

Je me rendis à sa pressante invitation, tout en me promettant de revenir, après le déjeuner, à ma fameuse inscription bilingue.

« Cette inscription vous intéresse donc bien ! me dit-il, en me plaçant entre ses deux petits neveux. Nous en causerons tout à l'heure, si vous le désirez ; mais, pour le moment, il s'agit de vous restaurer l'estomac, qui doit être passablement creux, si vous n'avez encore rien pris ce matin. »

A de semblables arguments on ne résiste guère, et je me mis incontinent à imiter mes deux petits voisins, c'est-à-dire à dévorer.

Les œufs venaient d'être pondus ; j'en mangeai deux coup sur coup, sans sourciller, et, me souvenant du sage précepte de Brillat-Savarin, je les arrosai chacun d'un bon verre de vin.

« Bravo ! exclama mon aimable amphitrion ; voilà qui va vous mettre à même de faire honneur à ce poulet assaisonné de laitue, et de courir tantôt, comme un cerf, par monts et par vaux ! Désirez-vous cette aile, ou préférez-vous cette cuisse ? Goutez-moi ça ; c'est tendre comme la rosée ! »

L'excellent curé de Duvivier ne me laissait manquer de rien, allait toujours au devant de mes désirs, mais ne me soufflait mot de sa stèle. Je le priai donc résolûment de me dire ce qu'il en pensait.

« Je ne vous parlerai point de l'inscription que vous connaissez et que vous venez même de traduire avec assez de bonheur, si je ne me trompe. Mais je vous entretiendrai du symbole ramifié qui se trouve gravé au verso de la pierre et dont vous ne vous êtes pas même aperçu, sans doute.

« — Pardon ! cher collègue, j'ai bien remarqué au revers de votre magnifique stèle comme une sorte de grossier dessin, des lignes sinueuses plus ou moins en relief, mais je ne m'y suis pas arrêté, prenant ces dernières pour de simples empreintes de racines ou de branches d'arbres.

« — Détrompez-vous ! Ce dessin n'est pas l'œuvre du hasard, ou, pour mieux dire, de la nature ! C'est bien l'œuvre d'un artiste, mais d'un artiste tout différent de celui qui a gravé les caractères qui sont au recto de la pierre. Tous ces petits rameaux ont été confectionnés de sa main, armée non pas d'un ciseau profane, mais d'un simple caillou, car cette belle dalle date de l'époque des pierres non taillées et a servi d'abord de table d'offrande, de *mensa divina*, avant de servir de pierre tombale. Pour moi, ce dessin représente bel et bien une branche d'arbre, et je crois ne pas trop me fourvoyer non plus en disant que c'était un symbole dédié à quelque divinité, à Anubis peut-être, ce dieu à tête de chacal que les Romains ont assimilé plus tard à Mercure ou Hermès, à cause du rôle qu'il jouait dans la psychostasie égyptienne ou scène du pèsement des âmes devant les juges infernaux. Apulée lui donne, comme vous savez, la *palme* pour attribut. »

Nous étions arrivés au moka, après avoir goûté d'un fromage fait à l'Oued-Cham et sinon meilleur, au moins aussi bon que celui de Gérardmer.

Certes, il m'eût été très-agréable de savourer lentement cette tasse de café aiguisée d'un petit verre de kirch de la Forêt-Noire, tout en devisant, les pieds sous la

table, sur le culte des divinités forestières
de l'antique Libye et sur les étranges ima-
ges qu'on voit encore d'elles sur beaucoup
de rochers de notre province.

Je dis étranges et je maintiens l'épithète,
car rien n'est plus bizarre, en effet, que le
portrait d'une de ces divinités trouvé der-
nièrement sur un rocher, dans les environs
de Souk-Ahras, et dont M. Abel Farges a
bien voulu me communiquer le *fac-simile*.
Une ligne verticale terminée par un triangle ; au milieu et dans chaque angle aigu
de ce triangle, des points, les uns faisant
fonctions d'yeux, les autres de nez et de
bouche ; de chaque côté de la ligne verticale, quatre autres lignes tombant obliquement sur elle et parallèles entre elles ; à
l'extrémité de la première, à gauche, un
petit triangle. Puis, plus rien !

Avouez, cher lecteur, que voilà un dieu
fort drôle et qui n'a pas grand'chose de
sylvain dans les traits et la tournure !

Les Grecs et les Romains, au moins, re-
présentaient leurs divinités forestières et
champêtres avec tous leurs attributs, et l'on
savait à quoi s'en tenir sur leurs fonctions
administratives. Ainsi, les Oréades, couronnées de mousse, de pin ou de genièvre,

avaient la police des grottes et des cavernes ;
les Dryades, ceintes d'une guirlande de vio-
lettes, gardaient l'asile des bocages ; les
Hamadryades, le front ombragé de verdure,
préservaient de toute profanation l'arbre
auquel leur existence était unie. La surveillance des vieux chênes était confiée tout
particulièrement aux Querculanes, parées
de leur feuillage. Vallonia et Collina étaient
chargées de conserver la verdure des vallons
et des collines et cueillaient chaque jour
leur modeste parure au milieu de leurs
riants domaines ; enfin, les Naïades, armées
de longs roseaux, veillaient sur les sources
et les fontaines.

Voilà pour les déesses, et j'en passe des
plus intéressantes, vous le voyez. Quant
aux demi-dieux : Faunes aux pieds de chè-
vre et couronnés de sapin ; Sylvains au
corps velu et tenant à la main une branche
de cyprès ; Satyres à la barbe de bouc et
jouant tantôt de la flûte, tantôt du tambou-
rin, on reconnaissait facilement aussi à tous
leurs attributs les fonctions auxquelles ils
présidaient. Ils composaient d'ordinaire la
cour du dieu Pan, qui avait, comme eux,
deux cornes sur la tête, le bas des reins
terminé par une épaisse queue de bouc, les

cuisses velues, les pieds fourchus et le front ceint d'une couronne de pin, arbre sous lequel il aimait à se reposer de ses longues courses à travers les vallons, les bois solitaires, et à se consoler sur le chalumeau de ses insuccès auprès de la belle Syrinx.

J'en passe, et de non moins curieux, car il est inutile, je pense, d'en citer davantage pour prouver qu'en voyant toutes ces divinités de premier et second ordre, couronnées de lierre, de cyprès, de fleurs ou de roseaux, on devine aisément l'emploi de chacune d'elles, tandis qu'on ne devine nullement celui auquel étaient appelés ces affreux petits bonshommes gravés de la main des Libyens sur quelques-uns des rochers les plus cachés de nos forêts, de nos ravins.

Mais je grillais de partir pour l'oued Melah et je demandai la permission de lever la séance.

En un clin d'œil nous étions tous sur pied, les deux bambins ayant obtenu congé et la faveur de nous accompagner. Il était onze heures à ma montre et, par conséquent, grand temps de nous mettre en route.

En quelques enjambées, nous atteignons

la porte de Souk-Ahras, et prenant immédiatement à gauche au lieu de prendre à
droite, nous descendons le sentier qui conduit au Taffert.

Ce n'était point, comme on le voit, le
chemin de l'oued Melah ; mais mon hono·
rable cicérone ne rêvant qu'au plaisir de
me faire visiter tout d'abord la nécropole
du coudiat Batoum, en avait décidé ainsi.
Nous n'étions, selon lui, qu'à une portée
de fusil du coudiat et, en nous pressant
tant soit peu, nous pouvions en revenir
encore d'assez bonne heure pour pouvoir
parcourir les bords du Ruisseau-Salé.

Je le crus d'autant plus volontiers que je
distinguais les ruines qui couronnent ce
mamelon comme si elles étaient à cent pas
de moi. Mais ce n'était de ma part, on le
devine aisément, qu'une pure illusion d'op-
tique. Le sentier que nous suivions ne fai-
sait que descendre de Duvivier jusqu'au
pied du fameux mamelon, de sorte qu'à vol
d'oiseau celui-ci me paraissait tout près du
village, alors qu'il en était réellement à plus
de trois kilomètres.

Nous voilà donc trottant au milieu de
vastes champs de blé et de froment émaillés
de coquelicots, de bleuets et de chrysan-

thèmes aux couleurs nationales, entrecou-
pés de belles prairies où la flouve odorante,
le lupin aux fleurs bleues, la paquerette
blanche, le souci jaune et l'agrostis jouet
des vents préparaient, avec le sainfoin et
le trèfle incarnats, une nourriture abondante et saine pour les troupeaux de nos
colons. Çà et là, au milieu de ces riants
tapis de verdure et de fleurs champêtres,
surgissaient d'épais buissons de genêt et de
myrte tellement chargés de fleurs qu'on
n'en distinguait presque plus le vert feuillage.

Le soleil dardait au-dessus de nos têtes ses
rayons de feu ; pas une tige, pas un épi, pas
une feuille, pas un brin d'herbe, enfin, ne
bougeait. J'avais rabattu sur mes yeux les
larges bords de mon feutre immense, et
mon vénérable compagnon de route, la
queue de sa soutane noire enroulée sur son
bras gauche et son chapeau incliné tantôt
sur une oreille tantôt sur l'autre, suivant

Que l'astre étincelant qui règle la mesure
    Des jours, des saisons et des ans,
Et qui produit partout, dans les fertiles champs,
    Les fruits, les fleurs et la verdure,

frappait sans pitié son visage à droite ou à
gauche.

Ses deux neveux n'en prenaient pas moins leurs ébats. C'était un plaisir à les voir courir, sauter, gambader dans les herbes comme deux cabris, puis cueillir ici une fleur, là un épi, plus loin une branche de genêt ou de myrte, et venir tout joyeux, tout triomphants, nous en apporter un bouquet. Leur excellent oncle et précepteur avait beau leur dire : « Allons, mes enfants, ne courez pas tant ! Vous voilà trempés comme une soupe ! Plus un fil de sec sur vous ! Vous allez vous rendre malades ! Reposez vous un instant ! » Ah ! ouat ! les deux petits espiègles reprenaient aussitôt la clef des champs et couraient de plus belle.

Et je murmurais tout bas ce joli quatrain de Demoustier :

> Charmants enfants, qui dans vos yeux
> Portez la paix de l'innocence,
> Puissiez-vous n'être ambitieux
> Que du bonheur dont jouit votre enfance !

Arrivés au confluent de l'oued M'saïb avec l'oued Guerbèche, nous nous arrêtons un instant pour admirer un énorme pistachier plus que centenaire, et qui de ses longues branches au feuillage luisant et harmonieux couvrait un espace d'au moins trente mètres de diamètre.

Il semble nous inviter à goûter l'ombre et le frais sous sa verte coupole ; mais nous touchons de si près au but de notre excursion, que nous jugeons à propos de résister à toutes ses séductions.

Dix minutes après, nous gravissions la pente rocheuse du coudiat Batoum et trouvions à nous abriter sous un énorme olivier, juste en face du kef El-Hadadine, dont nous prîmes aussitôt grand plaisir à détailler les curieuses silhouettes.

Suivant que nous regardions en face ou de profil ses rochers de grès ferrugineux couleur d'ocre, de carmin et de vermillon, nous y voyions tantôt la tête et la crinière d'un lion colossal, tantôt le corps d'un animal plus fantastique encore, dressé sur ses pattes de derrière et prêt à bondir sur nous.

La conversation roule dès lors tout naturellement sur les points les plus pittoresques de la province de Constantine. Nous nous plaisons à citer entre autres le Fedj-Kantour, avec ses deux pics jumeaux de calcaire jurassique, qu'une double faille sépare de la formation nummulitique et qui semblent postés à l'entrée de ce col escarpé comme deux gigantesques sentinelles en manteau blanc. Rien de saisissant, nous disions-nous, comme leurs masses blanchâtres se détachant du pied de la montagne par une nuit sombre, apparaissant et disparaissant tour à tour aux yeux du voyageur qui gravit seul et pensif le chemin tortueux qui conduit au sommet.

Le défilé d'El-Youks, qui aboutit à un cirque fermé, au fond duquel s'échappe une source abondante, et qui est couronné par des rochers imitant, là, une muraille démantelée, une tour à demi-écroulée, ici, un obélisque, un clocher gothique, obtient aussi l'honneur d'une mention. Nous frémissons en songeant aux dangers que l'on court en parcourant ce col dominé des deux côtés par des montagnes taillées à pic et laissant à peine assez de place pour le passage du torrent, mais nous éprouvons bientôt après un sentiment diamétralement opposé en nous rappelant combien l'on est dédommagé de ses frayeurs, de ses fatigues et de ses écorchures aux mains et aux jambes par la vue de la terre promise, c'est-à-dire du cirque enchanteur qui termine le défilé.

Nous éprouvons un si grand bonheur à causer sous cet olivier, à l'abri d'un soleil de plus en plus ardent, que nous ne nous apercevons pas que les secondes et les mi-

nutes s'écoulent avec une rapidité extraor-
dinaire. Nous continuons donc à nous si-
gnaler encore plusieurs sites curieux de la
province, à nous rappeler, par exemple, que
les couches qui composent les principaux
cônes des montagnes situées au nord de
Tifech et de Kramiça, offraient une stratifi-
cation si nette et si tranchée par l'opposition
de leurs couleurs noire et blanche, que de
loin on était toujours tenté de prendre chacun de ces cônes pour une immense tente
arabe recouverte de sa toile en poil de cha-
meau rayée de blanc et de noir.

Mais ces couches donnent lieu à bien
d'autres illusions encore, ajoutais-je. C'est
ainsi qu'en se relevant, au djebel Zouabis,
en retrait les unes sur les autres et cir-
culairement autour d'un mamelon central,
elles simulent à s'y méprendre les gradins
d'un immense amphithéâtre. Et devant ces
immenses dykes de spilite noire qu'on ren-
contre à la sortie du défilé des Chabresas,
surgissant de terre à une hauteur de trente
à quarante mètres, ne se croirait-on pas
aussi en face de murailles bâties par la main
des Titans ?

Citez-moi une contrée plus pittoresque
encore que celle qui s'étend d'Aïn-Beïda à

l'oued Meskiana ! N'est-elle point parsemée de pitons isolés et déchiquetés de la manière la plus bizarre ? Ici, c'est le djebel Mesloula et le djebel M'kherga, découpés en pyramides de trois cents mètres de haut ; -là, c'est le Serdj-er-Roul, avec sa façade de cathédrale et ses trois clochers gigantesques ; enfin, en voici une autre qui ressemble tellement aux cinq doigts de la main que les Arabes lui ont donné le nom de djebel Souaba !

Ce n'est pas tout. La physionomie que revêtent, en Algérie, les marnes irisées des terrains tertiaires quand on les observe dans le sens de leur inclinaison, n'est-elle pas aussi des plus variées et des plus fantastiques ? Se laissant attaquer facilement par les agents atmosphériques, ces marnes se découpent sur le flanc des montagnes de mille manières différentes, affectant tantôt l'aspect de longues et larges bandes d'étoffe écossaise, tantôt celui d'immenses draperies de soie gorge de pigeon et comme fripées à plaisir ?

Toutes les fois d'ailleurs qu'on se trouve dans ce pays en face d'un gîte de sel et de plâtre mêlé d'argiles de cette nature, on est certain d'avoir sous les yeux l'image d'un véritable chaos et de trouver dans ce chaos tout ce qu'une imagination ardente peut rêver de plus féerique. Ainsi, le djebel Gharribou dans notre province et le djebel Sahari dans celle d'Alger, vus de la plaine d'El-Outaïa et des Zahrès, ne manquent jamais d'être pour tous ceux qui se rendent d'El-Kantara à Biskra ou de Boghar à Djelfa un sujet de surprise, d'étonnement et de contemplation par leur profil hardi et découpé en échelons élégants, leur scintillement au soleil et la variété de leurs couleurs qui en fait, de près, de véritables habits d'arlequin.

Et, sans aller même si loin, n'avons-nous pas dans le pâté de montagnes situées, là, derrière nous, entre Duvivier et Tifech, n'avons-nous pas, dis-je, les énormes amas de minerai de zinc exploités dans le temps par les Romains, et de nos jours par la société « Vieille Montagne », qui prennent mille formes capricieuses et revêtent également mille teintes diverses, simulant ici un château de fée fouillé et refouillé comme une pièce d'orfèvrerie enrichie d'émaux, là une tour féodale, avec ses machicoulis, ses meurtrières, ses créneaux ?

Enfin, et toujours sans sortir de ce massif

montagneux, les tranches des calcaires cé-
nomaniens n'y sont-elles pas si apparentes
et si régulièrement espacées entre elles
qu'on les dirait tracées à l'aide d'un compas?
Horizontales ou disposées en zigzags, ne les
prendrait-on pas volontiers pour d'immenses escaliers construits à l'époque où les fils
d'Uranus, voulant détrôner Jupiter, l'assem-
bleur de nuages, cherchèrent à escalader le
ciel, ayant à leur tête

> Le rébarbatif Encelade,
> Qui, pour soutenir l'escalade,
> Lançait des rochers monstrueux ;
> Le redoutable Briarée,
> Armé de cent bras vigoureux,
> Et l'épouvantable Typhée,
> Demi-homme, demi-serpent,
> Dont le front atteignait le séjour du tonnerre,
> Tandis que sa queue, en rampant,
> Sous ses replis nombreux, faisait trembler la terre !

A cette réminiscence mythologique et si
peu orthodoxe, mon vénérable curé et ami
se lève incontinent et, coupant court à toutes
mes citations, s'écrie :

« Allons ! si attrayant que soit le sujet de
notre conversation, nous ne sommes pas
venus au coudiat Batoum pour rester assis
au pied d'un arbre et causer, avec force
exclamations, des points les plus pittores-

ques de la contrée. Nous y sommes venus pour fouiller sa nécropole, et il n'est que temps de s'y mettre. Debout ! »

Ce n'était pas pour la première fois que M. le curé Mougel visitait le coudiat Batoum ; mais, depuis 1868, époque où il eut le plaisir d'y conduire M. le docteur Reboud, il n'y était pas retourné. Aussi, ce n'est pas sans un vif sentiment de curiosité qu'il foulait de nouveau ce mamelon rocheux et qu'il revoyait ses fameuses pierres tombales avec inscriptions libyques et romaines, disques solaires et croissants, bonshommes et croix boudhiques ou gamées. Malgré ses soixante ans révolus et un soleil tel qu'on eût dit que son char étincelant était tombé de nouveau entre les mains du maladroit Phaëton, il courait partout et enjambait avec tant d'agilité les gros blocs amoncelés sur son passage, que j'avais de la peine à le suivre.

Quelques sentiers étroits, serpentant au milieu de ronces et d'épines, nous conduisent bientôt au milieu d'un véritable chaos de blocs éboulés, de dalles renversées les unes sur les autres et de troncs d'arbres morts de vieillesse ou détruits par le feu. Des enceintes circulaires ou elliptiques, avec petits murs en pierres sèches, occupent à peu près le milieu du mamelon. On les prendrait au premier abord pour de véritables cromlechs ; mais, en les examinant de plus près, on reconnaît bientôt qu'elles sont l'œuvre des Arabes du voisinage.

J'en inspecte chaque pierre attentivement dans l'espoir d'y découvrir quelques lettres libyques, puniques ou romaines, quelques ornements ou figures, mais c'est peine perdue : je n'y relève absolument rien.

Je reviens sur mes pas et, patatras ! je tombe sur une dalle couchée obliquement sur une autre moins grande. Je la contourne en boitant et j'y distingue, non sans peine, au bas, trois traits penchés à droite, au milieu deux autres penchés à gauche et, en tête, deux autres encore tracés verticalement et surmontés d'une espèce de T et d'une espèce de S.

J'étais évidemment en présence d'une inscription libyque, mais trop fruste et trop incomplète pour être déchiffrée et lue convenablement.

J'appelai M. le curé Mougel, qui me dit ne pas l'avoir relevée encore et qui m'engage à en prendre copie. Ce que je me hâte de faire, quoique souffrant beaucoup de mon

genou que je venais d'écorcher en tombant
sur l'un des angles de cette stèle passablement hyéroglyphique et malencontreuse !

Un peu plus loin, je trouve étalée sur le
sol, au milieu d'un grand nombre d'autres
dalles à demi ou aux trois quarts enterrées
et cachées par des ronces, une grande stèle
avec encadrements et figures au sommet. Je
cherche à en déchiffrer les rares caractères,
mais en vain. J'appelle alors à mon secours
mon intrépide et savant confrère, qui me
dit l'avoir déjà étudiée, il y a dix ans, mais
n'y avoir jamais lu que le mot *Signia*. C'est
en vain qu'il cherche à le retrouver aujour-
d'hui. Toute trace de caractères a disparu.

Nous nous résignons donc à ignorer pour
toujours l'état civil des deux époux enterrés
jadis sous cette grande dalle et, poussant
plus loin nos investigations, nous arrivons
auprès d'une autre stèle portant tout à la fois
des caractères libyques et des caractères romains.

« J'en ai pris une copie dans le temps, me
dit M. le curé, et je vous la communiquerai
en rentrant. Inutile d'en prendre une nou-
velle. Il fait d'ailleurs trop chaud pour conti-
nuer cette course au clocher dans ce tohu-
bohu de pierres, et nos deux galopins, qui

n'ont fait jusqu'à présent que sauter de rocher en rocher comme des chamois, vous le savez, meurent de soif. J'éprouve moi-même une envie irrésistible de boire et vais, par conséquent, chercher de ce pas à me désaltérer. A votre service. »

Le fait est que la chaleur était si grande en ce moment sur ce mamelon rocheux exposé à tous les rayons du soleil, qu'on eût dit qu'il était embrasé. Ses pierres tumulaires, ses rochers de grès brun ou rougeâtre étaient brûlants. Impossible d'y appuyer la main. Le marteau d'acier de ma canne de minéralogiste semblait lui-même un fer rougi au feu. J'en tenais le jonc par le milieu pour ne pas me brûler les doigts.

N'éprouvant, je ne sais encore pourquoi, aucune envie de boire, malgré cette température accablante, je laissais M. le curé et ses deux espiègles courir à la recherche d'une *aïn* quelconque, de quelque mince filet d'eau. Mais par cette année de sécheresse exceptionnelle (1879), toutes les sources du coudiat Batoum et des environs, l'aïn Bou-Chilouff, de même que l'aïn Seffera et l'aïn Oum-Allik, étaient taries, nous avait dit un Arabe en passant, et il n'était guère possible de se désaltérer, si ce n'est dans l'espèce de puits naturel auprès duquel j'étais resté, et dont l'eau, légèrement trouble et tiède, n'était guère engageante non plus.

Un superbe olivier couvrait ce puits à fleur de terre de son ombre tutélaire. Autour de son tronc robuste et de ses rameaux tortueux s'enroulait, pareille à un long et gros serpent, une vigne sauvage dont les larges feuilles, d'un beau vert, et les grappes pendantes se mariaient agréablement à son épais et pâle feuillage. Je m'assis donc au pied de cet arbre, symbole de la sagesse, de l'abondance et de la paix, en attendant le retour de mes trois compagnons altérés.

Mais, je m'étais à peine plongé dans une douce rêverie que le troupeau d'un douar voisin vint à passer, conduit par trois jeunes Arabes, deux filles et un garçon. Quelques vaches au poil roux, se détachant du troupeau, viennent sans gêne boire à mes pieds. J'envie leur bonheur d'avoir soif et de savoir se contenter surtout d'une eau si peu fraîche et si peu limpide. Le jeune Thyrsis indigène et court vêtu vient aussi, non pour se désaltérer, mais pour me souhaiter un bonjour amical et savoir ce que diable je pouvais bien faire seul en cet endroit et à cette heure de la journée !

Je le lui explique tant bien que mal en lui montrant tantôt les pierres et tantôt mon album où je venais d'en dessiner quelques-unes. Il en paraît satisfait.

Il me demande ensuite, de l'air le plus candide et le plus honnête du monde, d'où j'étais et ce que je comptais faire de toutes ces notes, de tous ces dessins.

Or, j'étais en train de lui répondre encore à ce sujet, lorsque tout à coup, pas loin de moi, se font entendre des sanglots, des gémissements, des cris tels que Myrtale, serrant entre ses bras les restes inanimés de Daphnis, son fils chéri, et reprochant aux astres et aux dieux leur cruauté, n'en fit peut-être pas entendre de plus lamentables.

Je me lève en sursaut et, craignant qu'un accident ne soit arrivé à l'un de mes deux petits coureurs, je veux me précipiter vers l'endroit d'où partaient tous ces pleurs, toutes ces lamentations. Mais le jeune Arabe me fait signe de ne pas bouger : « Tranquillise-toi, me dit-il, c'est l'aînée des deux filles que tu viens de voir passer avec moi derrière le troupeau qui pleure là tout près, sur la tombe de son frère. Je vais lui dire de se taire. »

Mais il avait à peine écarté la feuillée

derrière laquelle sanglotait la jeune fille et
prononcé le mot *scout*, « tais-toi », d'un ton
aussi peu impératif que possible, qu'à ses
lamentations la nymphe éplorée fait succé-
der incontinent, sans transition aucune, une
avalanche de gros mots et d'injures à l'a-
dresse du pauvre petit Arabe et à la mienne,
sans doute aussi, car le nom de *roumi*,
« chrétien », tombe plusieurs fois de ses lè-
vres frémissantes, au milieu de ce déluge
d'imprécations.

Apostrophé de la sorte, mon petit ambas-
sadeur s'en revient un peu décontenancé.
Je l'interroge en vain ; je ne puis savoir de
lui pourquoi sa jeune compagne l'a si mal
reçu et s'est servie plusieurs fois du mot
roumi. Il se retire en me montrant son
troupeau déjà bien loin dans la broussaille
et manquant de surveillance. J'approuve sa
conduite par le monosyllabe *mleh'*, dont
ceux qui ne connaissent que quelques mots
d'arabe font un usage si fréquent en Algérie,
et je reprends ma place au pied de l'arbre
cher à Minerve.

Or, en m'asseyant, j'aperçois à quelques
mètres plus loin, au pied d'énormes rochers éboulés, une pierre taillée qui avait
tout l'air d'un chapiteau de forme cubique.

Je me lève de nouveau et, à ma grande joie, je reconnais que mes yeux ne m'avaient point trompé cette fois. C'était bien un chapiteau, et des mieux conservés encore ! Ses arêtes étaient vives, toutes ses lignes très-correctes.

J'en prends aussitôt les dimensions : 220 millimètres carrés à la base, 265 pour le talloir et 425 de la base au sommet. Je l'examine sur toutes ses faces libres et, n'y remarquant aucun ornement, je me décide à lui faire faire quartier. J'y réussis, non sans déployer beaucoup d'efforts, et, sur le côté qui touchait terre, je découvre, après l'avoir débarrassé de la mousse qui le recouvrait tout entier, une très-belle et large palme dont je prends immédiatement le croquis sur mon album.

Un peu plus loin, même chapiteau, même ornement. Plus de doute. En ce lieu, au sommet de cette colline, se trouvait jadis une basilique, tout au moins une chapelle avec piliers carrés. Ces chapiteaux auront roulé de là-haut jusqu'ici, et tout fait espérer qu'en fouillant les ruines d'où ils proviennent on pourrait en découvrir d'autres, ainsi que les piliers qu'ils surmontaient.

J'en étais là de mes découvertes et de mes

projets d'excursion et de fouille, lorsque je vis revenir M. le curé Mougel, précédé des deux bambins. Ils paraissaient tous trois fort contrariés et abattus. Et ce n'était pas sans motif, car les pauvres venaient de contourner le coudiat Batoum sans avoir pu trouver la moindre goutte d'eau potable et s'en revenaient plus altérés que jamais.

Je fais part au digne curé de ma découverte et de mes conjectures. Il trouve celles-ci fort justes, car il a lui-même reconnu autrefois dans les ruines qui existent au sommet du coudiat Batoum des restes de piliers carrés, des traces de voûtes et autres vestiges indiquant l'existence en ce lieu d'un monument religieux. Mais comme il était trop tard, beaucoup trop tard pour nous en assurer, et qu'après tout M. le curé éprouvait le besoin de se remettre un tantinet de sa course aussi fatigante qu'infructueuse, nous nous asseyons tous quatre sur le gazon, au pied d'un énorme quartier de rocher qui bien certainement nous eût réduits à l'épaisseur d'une feuille de papier s'il était venu à se détacher de la colline et à nous écraser.

Là, nous devisons tout à notre aise sur les origines plus ou moins anciennes des tombes qui s'étalent à nos pieds dans un désordre inextricable, ainsi que sur l'origine véritable des ruines qui couronnent le sommet du mamelon. Nous convenons tous deux qu'il fallait donner aux unes plusieurs âges et faire remonter les autres au Bas-Empire.

La forme cubique de mes chapiteaux, le peu de relief qu'offrait la palme gravée sur l'une de leurs faces, décelaient, en effet, une époque exclusivement byzantine. D'un autre côté, le double texte, libyque et latin, nous incitait bien à regarder celles-ci comme ayant servi d'abord aux Libyens et plus tard seulement aux Romains ; mais, comme on le devine aisément, nous ne nous arrêtons pas à cette dernière considération.

Pour ma part, je la rejetai aussitôt, ne pouvant admettre que sur une colline, dans une contrée essentiellement rocheuse, où les grès eux-mêmes se rencontrent si souvent divisés sur place sous forme de dalles ou de prismes allongés, les Romains aient placé d'anciennes pierres libyques sur leurs tombes, sans se donner même la peine d'en effacer les caractères primitifs.

« Non, dis-je, les colons romains dont nous foulons ici le cimetière ne pouvaient être à ce point paresseux et indifférents ! Il est beaucoup plus simple et plus rationnel aussi d'admettre qu'en ce lieu existait jadis une colonie de Libyens et de Carthaginois *romanisés*, d'autant plus que saint Augustin rapporte que de son temps on parlait une sorte de jargon composé de punique et de berbère dans toute cette partie de la Numidie, et que sur quelques-unes des stèles qui couvrent cette nécropole on voit souvent dans le même mot des caractères appartenant tantôt à la langue latine et tantôt à ces deux dernières langues. Qu'en pensez-vous, monsieur le curé ?

« — Je suis de votre avis, cher monsieur, tout à fait de votre avis ! Mais je crois qu'il est temps, grandement temps de nous remettre en route pour Duvivier, si vous tenez à ne pas manquer le train qui doit vous ramener à Bône ce soir. Nous reviendrons au coudiat Batoum l'automne prochain, si vous le voulez bien, en ayant soin de nous munir cette fois de tous les ustensiles nécessaires pour faire l'autopsie de sa nécropole, c'est-à-dire de pioches et de pinces très-solides. En octobre, les chaleurs sont moins accablantes et, partant, les excursions plus faciles, plus agréables. Partons ! »

Nous opérons la descente du mamelon sans encombre et avec assez de vigueur encore ; mais, arrivés au pied de la montée qu'il faut gravir pour atteindre Bou-Chaggouf (Duvivier), nous reconnaissons que cette descente précipitée, à travers mille obstacles, nous a brisé les jambes.

D'un autre côté, le temps s'était mis à l'orage. De gros nuages d'un gris noir pointaient à l'horizon sur la cime des montagnes les plus élevées. Le tonnerre grondait au loin par intervalles. Le sol était brûlant, calciné.

Parvenus au grand pistachier que nous nous étions contentés d'admirer en venant, nous courons nous abriter sous son épais et vert feuillage. Nous n'en pouvions plus !

Les deux bambins s'étendent aussitôt sur le gazon, et, sans plus de façons, nous en faisons autant.

Personne ne soufflait mot. Il est si doux de sommeiller sur un tapis de mousse, *somno mellior herba,* les yeux à demi-fermés ! Seul, je murmurais à voix basse ces beaux vers de Virgile :

Rura mihi et rigui placeant in vallibus amnes ;
Flumina amem silvasque inglorius. O ubi campi,
Sperchiusque, et virginibus bacchata Lacaenis

Taygeta ! O qui me gelidis in vallibus Haemi
Sistat, et ingenti ramorum protegat umbra !

. . . .

Fortunatus et ille deos qui novit agrestes,
Panaque, Silvanumque senem, nymphasque sorore
Illum non populi fasces, non purpura regum
Flexit, et infidos agitans discordia fratres ;
. . . . ne que ille
Aut doluit miserans inopem, aut invidit habenti !

Oh ! oui, ajoutais-je mentalement, en fer-
mant cette fois les yeux tout à fait, oh ! oui,
Virgile a bien raison. Heureux celui qui
peut jouir en paix, loin des villes et de leurs
vaines clameurs, des délices de la campa-
gne ! La vue de l'indigence, de la misère et
du vice ne vient point l'affliger à chaque
pas, et l'aspect des richesses, des palais
somptueux n'excite point son envie ! Rien
ne le trouble : ni les agitations de la place
publique, *insani fori*, ni les suffrages du
peuple, *populi fasces*, ni les harangues et
les décrets d'un nouveau gouvernement,
novae conciones, nova decreta ! Les impor-
tuns ne viennent point frapper à sa porte à
tout moment. Loin des discordes, loin des
combats, la terre, justement libérale, lui
procure une nourriture facile,

. . . . procul discordibus armis
Fundit humo facilem victum justissima tellus.

Des grottes, des sources d'eau vive, de fraîches vallées, des bœufs mugissants, et sous un arbre, un doux sommeil,

Speluncae, vivique lacus; at frigida Tempe,
Mugitusque boum, mollesque sub arbori somni,

voilà les biens qui ne lui manquent point!

Oui; mais où trouver de nos jours la paix, le repos, *secura quies,* au sein des campagnes? me répondais-je aussitôt. Cela était possible avant le règne de Jupiter, avant qu'une race impie se nourrît de la chair des troupeaux égorgés,

Ante etiam sceptrum Dictaei regis, et ante
Impia quam caesis gens est epulata juvencis.

A cette époque, on n'avait pas encore entendu la voix éclatante du clairon ni le bruit du glaive meurtrier retentissant sur la dure enclume,

Necdum etiam audierant inflari classica, necdum
Impositos duris crepitare incudibus enses!

Le pin n'avait pas encore été détaché de ses montagnes par la hache pour descendre dans la plaine liquide et aller visiter un monde étranger,

Nondum caesa suis, peregrinum ut viseret orbem,
Montibus, in liquidas pinus descenderat undas,

comme dit Ovide, cet autre poète si plein de grâce et de génie.

Les ruisseaux, les rivières coulaient librement ; point d'écluses, point de barrages ; sans soldats, sans *gardes-champêtres*, sans *gardes-pêche* ni *gardes forestiers*, les peuples, dans le calme d'une paix profonde, jouissaient des plus heureux loisirs,

> Mollia securae peragebant otia gentes !

et des plus douces libertés !

L'air n'avait point encore été frappé par le cri perçant des locomotives traînant à leur suite un long chapelet de wagons bondés de gens affairés et de marchandises de toutes sortes, et la terre, enfin, sans y être forcée, déchirée par la herse,

> Ipsa quoque immunis, rastroque intacta,

ni sillonnée par aucune charrue *à vapeur,*

> . . . . nec ullis
> Saucia vomeribus,

prodiguait d'elle-même tous les fruits,

> per se dabat omnia tellus.

C'était l'âge d'or, il est vrai, que ce temps-là ; mais aujourd'hui, qu'en tout lieu et à tout instant une kyrielle de lois, d'ordonnances, de règlements et d'arrêtés règlent nos mouvements ; que plus nous avons de libertés politiques, moins nous avons de liberté d'action ; que dans le dernier de nos villages on discute au cabaret les actes du gouvernement ; qu'au lieu de se disputer sur un pipeau rustique le prix d'un tendre agneau ou d'apprendre aux échos d'alentour à redire le nom de la belle Amaryllis, nos Tityre et nos Mélibée modernes lisent les journaux et causent d'élections, c'est l'âge de fer, l'âge des.....

J'en étais là de ces méditations philosophiques et pastorales, lorsqu'en ouvrant instinctivement les yeux j'aperçois M. le curé sur son séant et attendant que je donne le signal du départ. Me croyant dans les bras de Morphée, il se gardait bien de m'en arracher trop tôt.

Après avoir rendu un dernier hommage à la beauté de notre pistachier et nous être demandé mutuellement pourquoi l'on ne prendrait pas plus de soin de tous ceux qui croissent si naturellement dans notre belle province de Constantine, nous regagnons le sentier de Duvivier.

Les deux enfants nous devancent bien toujours d'une vingtaine de mètres et courent bien encore à tous les buissons de

myrte ou de genêt du coteau; mais ce n'est
plus, comme en partant, pour y cueillir
quelque rameau fleuri; c'est pour s'y blottir
derrière et échapper un moment à l'ardeur
du soleil qui se couche et semble vouloir se
venger sur nous d'être à la fin de sa car-
rière.

Enfin, grâce à Dieu, nous voici de retour
à Bou-Chaggouf, où je n'ai, il est vrai, que le
temps de serrer la main de son digne curé,
de le remercier de son aimable et cordiale
hospitalité et d'embrasser les deux bambins
qui ont égayé notre excursion de leurs fo-
lâtres amusements. Je saute en voiture et
gagne au galop la gare du chemin de fer.

Le train descendant de Guelma avait déjà
fait entendre le sifflet strident de sa puis-
sante machine et j'arrivai en même temps
que lui à la station.

Trois heures après j'étais à Bône et je me
disais :

« Allons! c'est bien vrai! souvent l'homme
s'agite et Dieu le mène! J'étais parti pour
recueillir des ammonites et me voilà de retour n'ayant relevé que des inscriptions !
Qui sait si en retournant, l'automne prochain, à Duvivier pour étudier plus à fond
le coudiat Batoum, je ne reviendrai pas

n'ayant exploré, cette fois, que l'oued Melah.
Ah ! c'est pour le coup que je pourrai m'é-
crier aussi : Souvent l'homme propose et...
M. le curé Mougel dispose ! »

Mais un homme prévenu en vaut deux,
dit-on. D'ici-là, j'irai *seul* et *tout droit* au
Melah !

Bône. — Imp. de J. DAGAND, Ém. THOMAS, successeur.

DU MÊME AUTEUR :

Essai d'un Catalogue minéralogique algérien, alphabétique, méthodique et descriptif; un volume in-4º de 210 pages, avec préface, notes et tableaux de classification naturelle.

Deux Jours à Constantine : Lettres à un Ami; brochure in-8º.

Sur quelques Helminthes recueillis sur les bords de l'oued Kouba, près de Bône; Lettre à un Collègue; brochure in-8º.

Histoire d'un Soulèvement kabyle en 1804, suivie de considérations historiques et politiques sur les Insurrections de l'Aurès depuis la domination romaine en Afrique jusqu'à nos jours; brochure in-12.

Histoire de 55 Corailleurs italiens capturés par le chérif Mohammed ben El-Harche dans le port de La Calle : Episode de l'Insurrection kabyle en 1804; brochure in-12.

Lettre de M. A. Papier au Président de la Société Archéologique de Constantine sur les Ruines de Hammam-N'baïls et plusieurs Inscriptions recueillies dans cette localité; brochure in-8º.

www.ingramcontent.com/pod-product-compliance
Lightning Source LLC
Chambersburg PA
CBHW061314050726
47594CB00004B/1709